U0030060

#06

Cats

are

too

cute

to

be

true

貓咪哪有
那ㄋㄚˋ麼可愛

狸貓的序

不知不覺來到了第六本書了（我怎麼好像每年都這個開場白），這一年也是經歷了好多大大小小的事情，其中最重大的，就是搬離住了八年的後宮，後面會有一個章節好好描述租房與養貓各種需要考慮的事情，雖然看似惱人，但也算是甜蜜的煩惱，再來就是老貓組持續還是有些身體狀況，也出現一些照護上的意外，最後，我們還遇到了一群小奶貓，雖然我們應該不會養他們啦，但他們短暫的停留，也算是為後宮增添一些新氣象和活力吧。

如果是有養貓的人，應該會對我們照護後宮們的擔心和快樂，很容易就可以感到共鳴，如果是沒有養貓或未來也不太打算養貓的人，那就透過我們的文字和圖片，放輕鬆、好好感受一下貓咪的療癒和可愛吧！

這次的書名我們想了很久，繼上一本《怎麼可能忘了你》之後，還需要讓大家知道或被提醒的事情是什麼呢？我想來想去，還是「可愛」這件事。很多人都會說貓咪很可愛，這個時候我們就想在心中大喊，哪有你說的那麼可愛啦！你會覺得可愛，是因為你只看到照片中美好的一面！你都不知道我們怎麼被貓貓們荼毒的（嗚嗚嗚），就像看到網美網帥們的照片一樣，背後都有著不為人知的辛酸血淚，同理，有貓奴們的辛苦付出，才能成就出一隻隻可愛破表的貓貓們啊，你們知不知道啊（擦眼淚擤鼻涕）！

《貓咪哪有那麼可愛》是一種略帶不甘心承認，又不得不承認的情緒，嘴巴講的跟心裡想的完全不同，這種任性又傲嬌的心情，可能就是長期跟傲嬌貓貓們相處下來的結果吧。

志銘的序

時間真的過好快，又到了每年一度向大家報告近況的時間了，從第一本書到現在，每年我們都像是個史官的角色，記錄著每一年後宮貓咪們發生的點點滴滴，從他們年輕記錄到漸漸出現老態的現在，我們彷彿也跟著成長許多，那些學生時期的懵懂，剛出社會時的迷惘與艱難，一直到看似有點成績，卻還是對生命感到有些不確定的此刻，這些貓咪們可都是看在眼裡呢，他們看過我們最脆弱無助的每個時期，也陪著我們經歷每一次成長的喜悅。

2019 年是我們與阿瑪相遇的第十週年，也是辛苦卻多彩多姿的一年，在這一年裡，我們經歷了後宮貓咪們的第一次搬家，更經歷了前所未有的挫折考驗（一路陪我們的大家應該能懂我指的是什麼事件），不過還好最終都能夠迎刃而解，因為有貓咪們的陪伴，心情也總能好過許多。

老話一句，能夠把與貓咪們生活的片段藉著出書的方式記錄下來，實在非常感激，這是多麼幸福的事！最後希望看著這本書的你們，能從中得到療癒，並且藉此感受到後宮貓咪們的陪伴，就算你們沒有真的待在他們身邊，但我們也早已存在彼此生活裡了。

CONTENTS

9

o1
即將出貨的貓咪

如果貓咪要被出貨,該怎麼描述他們呢?
這是每位貓奴都該學習的送養文範本。
(開玩笑的!)

此物件極重
搬運時請小心骨折

此件非阿瑪

請小心輕放。

品名：極為笨重的阿瑪

此物件重量時常改變，常常會重達 8KG，有時候會少於 8KG，必須時常幫他秤重，保持他的健康。特色是很吵，可以當作鬧鐘來使用，而且不用電池，製造日期約在 2007 年的 1 月 7 日，毛色為經典的橘白駝色，看似平凡但閃耀著經典不敗的吸睛光芒，不過他肚子很大，採用坐姿時會不小心把後腳全部遮住。另外，還有一個缺點是，剛上完大號就會把人類的棉被當成衛生紙來擦，而且絲毫不覺得不好意思，最後，他食量很大，請注意伙食開銷，並備妥應急資金，避免被吃垮。

保養方式
1. 喜歡握手撞頭，沒事請多陪他玩。
2. 每週定時幫他梳毛打理，維持亮麗駝色。
3. 如果發現他剛上完廁所，請馬上用溫水衛生紙幫他輕拭屁屁。

品名：乖順溫和的招弟

此物件製造日期約在 2011 年的 6 月 1 日，毛色為低調的棕灰色，演繹了極致混搭卻又典雅的風範，相較於阿瑪，她溫柔安靜、不吵不鬧，雖然沒有辦法當鬧鐘，但絕對算是美麗的藝術品。

唯一的怪癖是愛舔人，如果對唾液反感的人，需要深思一下。她的食量還算普通，中規中矩，缺點是進食太快容易嘔吐，但嘔吐物的部分阿瑪會處理掉，不用特別擔心。

保養方式
1. 不熱愛摸摸，所以不用特地摸她。
2. 偶爾需要滿足她愛舔人的怪癖。
3. 沒事多看著她，多稱讚她。

大家記得
取貨。

這有點擠⋯⋯

我裝好了。

品名：毛髮茂密的三腳

此物件的製造日期是 2007 年 8 月 4 日，最大的特色是毛髮非常茂密，會如同蒲公英般灑落在你的房間各處，為你的房間增添細膩質感，也可把她的毛髮集結成球，展現你不凡的收藏品味。缺點是她身體微恙，略有口炎的症狀，需要定時服藥，但這是一種貼心照護的甜蜜互動，若好好享受這個過程，你一定能從中感受到滿滿的幸福感。唯一怪癖是愛咬人，但不會把你咬傷，她只是在享受與你肉體間的親密接觸，如果你也喜歡被咬的話，你一定會對她深深著迷。

保養方式

1. 需每日定時梳毛打理。
2. 需每日定時餵藥、回診。
3. 定時給她咬咬你的手，讓彼此愉悅。

此物件極黑
建議在光線充足處開箱

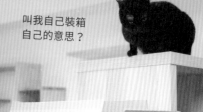
叫我自己裝箱
自己的意思？

裝好了。

喜歡嗎？

品名：神祕深邃的 Socles

受夠了五顏六色的毛色？想要反璞歸真的單純嗎？Socles 從頭到尾的低調內斂黑，展現最閑靜的高雅，製造日期為 2010 年 4 月 20 日，此物件特色是很容易找不到，敬請耐心尋找，不要報警處理，或上網刊登尋貓啟事，她一定躲在家中的某個陰暗角落裡，她不是心情不好，只是喜歡陰暗的角落。個性如同其毛色般低調，但若必要時，她的嗓門也可以異常熱情奔放，猶如冰與火的存在，絕對會為你枯燥的生活增添一些生氣。

保養方式

1. 喜歡摸摸，最好沒事就一直摸。
2. 喜歡被人類注意，但不喜歡被貓咪注視。
3. 用力喊她的名字，她也會用熱情回應你。

我進不去欸。

此物件略為兇猛
搬運時請小心輕放

好擠喔。

怎麼辦？

品名：單純直接的嚕嚕

此物件看似凶猛，但其實非常愛親近人，製造日期約為 2007 年 7 月 14 日，與阿瑪擁有類似的毛色，但毛色略帶成熟，是一種都會氛圍的粗糙質感，眼神散發出直率的型男韻味，肚子柔軟非常好摸，但缺點是他不太願意給你摸，他只想要你摸摸他的背部、尾椎以及下巴，與他相處，可以學習好如何真正服從一隻貓，是每位貓奴都應該學習的課題。

保養方式

1. 每日摸摸下巴、背部、尾椎。
2. 撫摸時不可以分心，需全神貫注的撫摸，否則會遭厄運。
3. 食量極大，請注意勿餵食過量。

算了。

品名：童趣調皮的柚子

此物件製造日期約在 2013 年 9 月 20 日，他的沙啞嗓音非常吸引人，打破以往凡間的一切貓聲印象，絕對是不凡的尊貴象徵。最大的特色是需要搭配他的玩偶共同出貨，他會與玩偶不定期互動著，若看到那幕請別緊張，此為正常能量釋放，請用健康的心態看待。他的壞習慣是在尿尿的時候把屁屁抬高，讓尿液盡全力遠播，請適時的用手把屁屁壓低即可。另外，他非常聰明，會記得你把好吃的、好玩的藏在哪裡，相信與他鬥智的過程，你的能力一定也會跟著長進，趕緊享受與他一起增長智商的美好吧。

保養方式

1. 喜歡被瘋狂拍屁屁。
2. 喜歡跟玩偶互動，請不要把玩偶藏起來。
3. 他很怕無聊，每日都得摸摸他，不然會吃醋生氣。

先讓我睡飽
再出貨。

玩偶。

塞好塞滿。

23

品名：充滿奇幻的浣腸

喜歡獨一無二的人請注意，此物件極為稀有夢幻，不論是個性抑或是外型，都與常貓不同。製造日期約在 2015 年 4 月 12 日，細小的眼睛藏不住不諳世事的迷幻氣質，獨樹一幟的鬥雞眼乃是一大亮點，堪稱是宇宙的恩寵也不為過。缺點是外型偏瘦，還有很大長肉的空間，個性傲嬌、極度敏感，不過一旦對你放下戒心，就會深深黏著你，用那宇宙恩寵的雙眼盯著你，期望你的世界裡只有他，到時請記得用滿滿的誠意回應他，撫平那奇幻繽紛靈魂裡的脆弱不安。

保養方式

1. 喜歡被摸下巴，輕聲呼喊。
2. 喜歡玩筆狀物，請偶爾用筆狀物與他互動。
3. 需要極大的同理心來照護他那敏感纖細的心靈。

我塞不滿⋯⋯

嗯～舒服！

算了，先睡再說。

Z⋯⋯z⋯⋯

o2
後宮第一次搬家
改變，是為了迎接下一次美好。

找新家的起源

說到搬家，許多人都好奇：

舊後宮的大改造明明還記憶猶新，

怎麼才過一年，我們就要搬家了呢？

其實，舊後宮的大改造僅是治標，最根本的問題終究還是沒有解決，雖然空間變多了，但能真正運用的空間還是有限，簡單來說，原本一間小房子，再怎麼改造都不可能變大，充其量只是暫時緩解當下急需改變的緊迫，但在暫時獲得舒緩的空間之後，若沒有先預想好下一步，最終就會再一次爆炸。

> 66
> 　面對人與貓的未來居住品質，我們必須正視搬家這件事。
> 99

雖然舊後宮採光很好，
但空間問題始終無法解決。

挑選條件

回溯當年搬到舊後宮時的各方考量，除了經濟能力是否能負擔房租的基本考慮之外，當時除了人之外，就只有阿瑪、招弟、灰胖一起過生活，因此那樣的空間已經算是綽綽有餘；反觀現在，不論人與貓都變多，所需的空間理當也要更寬敞才對，因此，挑選新後宮的首要條件就是：空間要夠大。

此外，因應每位貓咪都有不同脾性，對別貓的好感與否也互不相同，能否有足夠的隔間也是不可忽視的重要考量。

後宮貓咪隔離的關鍵主要是浣腸，在較大的空間內，有些原本不合的貓咪，因為碰面機會少，自然也就相安無事了。但浣腸的情況很特殊，一方面是他自己愛挑釁別貓，一方面是他真的不太會逃，往往他先主動製造爭端後，當對方要教訓他時，他卻只是在原地哇哇大叫。

放鬆在玩蛇的浣腸。

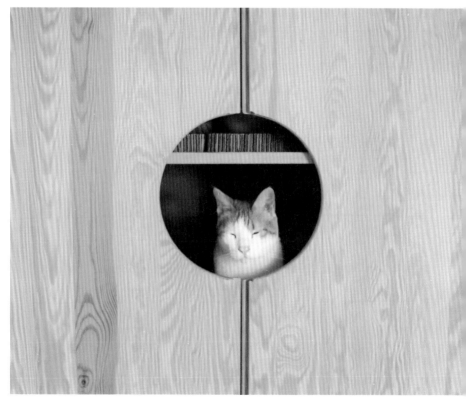

🐾 浣腸最愛躲的避難箱。

😺 足夠的空間對多貓家庭而言十分重要。

所以新後宮最理想的格局就是至少要有三房再加上客廳，人不在的時候，若可以嚕嚕一間、阿瑪一間、浣腸一間的話，那就會是很完美的安靜狀態，平常眾貓都是開放著一起相處，來去自如，只有在發生吵架時才會把當事貓隔離開來，讓彼此能夠有喘息及冷靜的空間。

除了房屋本身的格局之外，房屋的可變動性以及房東願不願意讓房客養寵物是更重要的考量，改造裝潢是我們選擇的必要條件，一般裝潢好的房屋，大多不會以貓為主來設計空間的運用，所以我們想要的是沒有特別大肆裝潢過，並且房東是願意讓我們改造的物件。

每隻貓的相處
都息息相關啊！

當然，改造租屋還是有幾個前提需要注意，除了最基本的徵求房東同意之外，通常也需要承諾未來若是要退租，必須要將改造過的房子完全恢復原狀，另外，多半房東也不希望被改變主要格局，譬如說原本三房想要自己打成兩房，這通常是不被允許，或是需要更多的討論。

總之，畢竟房子是租的，想要養貓或是想要改造房子，都還是需要徵求房東的同意，千萬別想抱著僥倖的心態偷偷來，這樣可是很無禮又不負責任的行為。

各位要搬家啦！

咦～

咦～

什麼？搬家！

要離開這啦……

37

搬家心境與事前告知

原本在找房子搜尋物件時，我們都處於一種想要趕快離開、移到新環境的興奮狀態，但真正簽訂租屋契約、確定要搬家後，卻又開始覺得萬般不捨，這大概是很難避免的念舊情懷吧！

朕會懷念這的。

🐾 貓咪們天生的敏感個性，一定知道有什麼變化。

準備搬家前，除了沒日沒夜的裝箱打包之外，還有個更重要的工作，就是讓這些主子們有搬家的心理準備。其實這聽起來有點抽象，具體方式我也不知道該如何說明，但搬家前的裝箱打包，應該就是一種很明確的提醒了吧，通常在整理的這個階段，有些較敏感的貓咪就會感受到與平常不一樣的氛圍，甚至因此表現出種種焦躁的反應，像是躲起來、暴衝，舉凡只要是非平常的行為表現，就代表貓咪已經意識到環境發生了變化。

🐾 搬離前幾天，阿瑪難得跑上來這裡。

🐾 應該是察覺到什麼了吧。

😺: 把部分家具清空了，但回憶都還留在心裡。

我們能夠做的其實就只是盡量多關心他們的狀態，任何動作都要小心
輕放，避免過大的聲響造成他們更大的刺激，剩下的就是口頭跟他們
聊聊天，雖然我不確定他們聽不聽得懂，但我想，溫柔的語氣肯定是
能夠安撫他們躁動心情的。

未來也有得吃就好。

希望貓跳台多一點！

❀ 有些貓跳板沒辦法拆走，就只好留著了。

新後宮設計規畫

經歷去年的大改造之後，對於新後宮的空間配置就比較有頭緒了，基本上還是維持著人貓共存、兼顧收納的大原則，貓咪要過得自在，當然還是要給他們足夠的躲藏空間，除了平面各式各樣的貓窩之外，延伸空間高度的跳台跑道也十分重要。

至於人的部分主要分為兩個區域：客廳區域的小幫手們平時工作需要較多相互連結的討論機會，所以聚在一起會方便很多；而我與狸貓、翰翰則是需要較多文字與設計的發想，因此辦公室裡就成了我們的創作發想園地，每天都會有很多創意在這個小房間裡誕生。

除此之外，另外兩個房間分別是狸貓的房間及儲藏室。狸貓房間顧名思義就是狸貓下班後的去處，對他而言，走出房門就是上班，而下班只需要三秒鐘，他就能躺平在自己床上。

三腳與阿瑪陪著狸貓打電動。

這種離家超近的工作，聽起來好像有點幸福，但其實是一種壓力極大的狀態，再加上狸貓是標準工作狂，沒日沒夜的工作，對他而言是再平凡不過的日常。因此，在他房間的佈置上，我們就希望能更舒適一點，除了牆壁顏色及家具擺設之外，我們將從前原本擺在客廳的電視及電玩，改放在他房間，這樣至少在他的下班時間裡，還能保有一絲偷閒的娛樂，也算是一個喘息的機會吧！

謝謝檸檬家借我們住。

嗨！嚕嚕！

搬家

這雖然算是後宮貓咪們的第一次集體搬家，但其實在去年的大改造後，貓咪們也算是有過從舊房子搬進新家的體驗，就當時的觀察，他們適應新環境的能力都很好，所以我們也就不太擔心，只不過在舊家清空前，直到正式入住新家的這段期間，我們還是讓他們先到檸檬家（朋友家的貓）暫住，等到新家裝潢及家具擺設都大抵完成後，才讓他們正式入居。

嗯，檸檬變胖了。

我是檸檬，
我變大了。

至於進入新家的先後順序，我們就像去年改造完回宮時一樣，依照他們彼此的相對地位高低以及對環境的適應力，大致分為三組，依序為 Socles、浣腸、嚕嚕為第一組，招弟、三腳為第二組，阿瑪及柚子適應力最強，自然就是壓軸登場了。

這個箱子好像不錯。

新後宮新氣象

在搬家前，我們根據對他們各自習性的了解，討論過很多關於搬家後的想像，甚至有一些設計規畫還是專為某些貓咪量身訂造，只可惜貓不從人願，我們永遠無法猜到貓咪在想什麼，明明原本喜歡的，可能換個環境就完全不愛了。

「浣腸箱」就是個很好的例子。當初就是因為浣腸超愛躲在那個箱子裡而取了這個名字，原想換了新家一定要保留「浣腸箱」，才能讓浣腸有熟悉感，誰知道後來在新家的「浣腸箱」卻變成「Soso 箱」，浣腸一次也沒進去過，倒是 Socles 實實在在占領了這個箱子，整天有大半的時間都愛待在裡面。

哼哼……先搶先贏啦！

狸貓座位旁有個貓咪公寓。

那我可以住裡面嗎？

原以為 Socles 會像從前一樣，喜歡待在小辦公室裡，所以把以前舊後宮小房間的很多類似櫥櫃移植過來，沒想到她來了新後宮後，竟不再想要待在小房間裡，轉而喜歡在客廳奔馳的快感；反倒是浣腸變得喜歡待在小辦公室，而且特別喜歡狸貓座位旁的小窩，明顯對人的容忍度大幅上升，甚至後來還常常走到客廳散步，到處探索，轉變之大實在讓人捉摸不透。

不知道是不是浣腸喜歡待在辦公室的緣故，讓嚕嚕變得不再愛進辦公室了，原以為嚕嚕永遠是要跟著我（志銘）的，但很顯然不是，嚕嚕更不願意跟仇貓待在同一個空間。嚕嚕白天時喜歡在客廳工作區的小幫手桌上，維持不變的親人性格，只要有人的地方就有嚕嚕，而晚上大家都離開之後，他會進入另一間小房間入睡，直到早上才又出來陪人工作。

🐾 陪著嚕嚕的志銘
🐾 對樺樺伸出鹹貓手

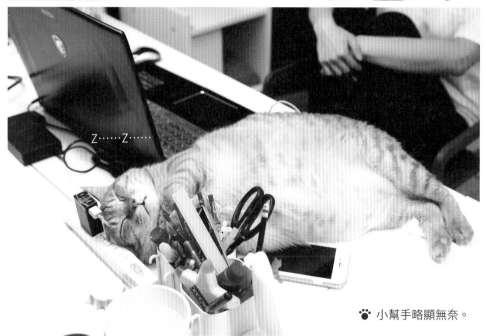

🐾 小幫手略顯無奈。

🐾 大家都很會把握只有早上才會照進陽光的時刻。

🐾 小工作間的貓階梯偶爾也會有貓駐足休息。

阿瑪與三腳則是喜歡待在狸貓房間，那個房間有點像是養老公寓，整天都安安靜靜的，沒什麼貓吵，又遠離人群，床邊還有充足的陽光，隨時可以來個沒有貓吵的日光浴，偶爾他們想出來走走，就會站在門口叫兩聲，我們會立刻為他們開門，等到他們想回房時，只需用同樣的方式再叫兩聲，我們就會再一次為他們服務。

" 就像是遠離世俗，給了他們一處寧靜與自在。"

我偶爾會上來這裡。

至於柚子與招弟，比較沒有特別偏愛的棲息地，他們的行蹤比較是目的取向，該做什麼就會到該發生那個行為的場所。

柚子想玩、想討摸拍屁屁的時候，就會找人親近；想要發洩壓力時會找小藍、小棕、或是浣腸；想要追貓、找刺激會找 Socles；想要認真玩耍會找招弟。而招弟肚子餓時，會不時徘徊在廚房門口，藉此明示眾人自己飢腸轆轆的狀態，渴望得到救贖；想要舔東西紓壓時會找阿瑪（如果剛好阿瑪不在狸貓房間的話）…… 總之，他們的行蹤比較不固定，也算是後宮貓咪中興趣比較廣泛的了。

❝

其實貓咪的世界真的遠比我們所想的複雜，往往會因為各種原因，有各種行為上的改變，這樣聽起來好像很可怕，但其實我們只要多花些心思觀察、試著了解他們，不但不會覺得困擾，或許還能透過他們的相處，悟出很多人生的道理呢！

❞

不確定的未來

就在我們與貓咪們都漸漸習慣新居生活的現在，部分鄰居卻開始產生反對的聲音，因此，可能在不久的未來，我們又需要另覓他處。可能是我們當初找房子的時候，太心急導致考慮得不夠周全，也或許這是老天想要給我們的磨練與考驗，總之，不論未來我們會在哪裡，都會帶著全體貓咪們一起走，因為只有他們都在的地方，才是我們的家。

新後宮雖有美麗的山景，但未來即將有新高樓會擋住它，這也是都市的美麗與憂愁吧。新後宮實現了我們對貓住宅的所有想像，有環繞式的貓咪階梯，開放式的客廳和工作區，也有足夠的房間隔離貓，每隻貓咪都有各自的領域，不再像以前一樣很常一言不合就打架，但租房總有著許多不為人知的心酸，不論能在這待多久，好好把握待在這裡的每分每秒，就是我們現在的任務吧！

狸貓後記

其實對於我（狸貓）來說，這次的搬家意義非凡，絕對不是幾行
文字就能完整表達的，可能對於那些從舊後宮時期就開始關注、
認識阿瑪與後宮的人來說，也是如此吧！我在這裡經歷過各種大
喜大悲，遇過可怕的大地震（老房子很晃），也在這裡因為工作
周轉不順跟好多人借過錢（當然最後是還清了哈哈）。

舊後宮是我當年退伍後，回台北工作的第一個居所，前前後後加起來住了快八年，還記得當時覺得最棒的優點，就是房子超級大，以前只有住過學校宿舍，或學生型的套雅房，總是小小擠擠的，所以即便是舊後宮所在地的生活機能不太好，我也絲毫不介意，反倒覺得那裡空氣很清新、環境很安靜呢！

但在 2018 年的那次大改造前，志銘就一直跟我提議是不是需要搬家了，可是我始終不想搬家，所以總是忽視志銘的意見，一方面是因為懶，一方面是覺得現況很好，不需要改變。改變會充滿許多變數，我害怕那種不確定感，所以在 2018 年的大改造結束後，我覺得一切都很好，好到我甚至覺得可以在這邊繼續再住個好幾年，但慢慢的……小幫手陸續增加，人貓的空間也漸漸不夠了，貓咪的紛爭開始越來越多，我才終於妥協志銘的提議，開始了找尋新後宮的計畫，只是我內心深處仍然抱著一種不太積極的心態，有點半推半就的跟著找房子，想說能拖就拖，能住在這多久就多久。

但……沒想到整個找房過程，該說幸運嗎？我們花不到兩週的時間，就
找到適合的房子了，房東人也很好，接受我們的改造要求，也接受養這
麼多貓的工作室，只是現實終究是殘酷的，就像前文志銘所說，未來我
們非常有可能要再次離開這個新後宮，當然，我還是抱著不想那麼快離
開的心情……

03
不停轉動的貓奴日常

貓咪每天都會製造各種驚喜，有喜，也有悲。

Z……z……

浣腸治病 /

老是受傷的指甲

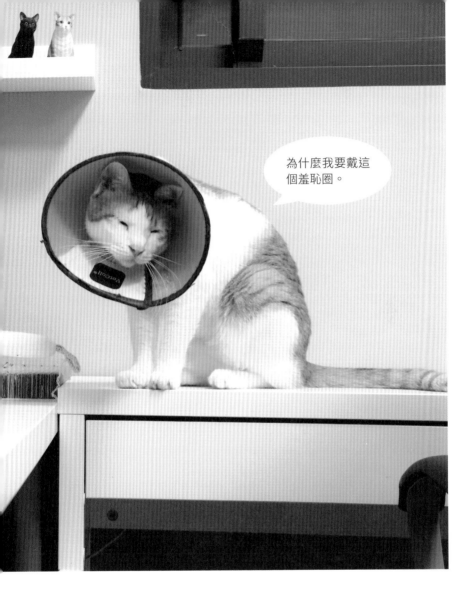

為什麼我要戴這個羞恥圈。

不管是野外的貓咪，或是後宮的大家，難免都可能有些大大小小的疾病，而貓咪們個性又特別會忍耐，只要一個不注意，就很可能因此延誤治療，所以我們必須常常注意他們的日常生活有沒有什麼異狀，不管是精神、食欲，甚至是便溺習慣都需要關心注意。

🐾 浣腸突然跑進浣腸箱，但發現氣味不對，一下就走了。

準備進攻嚕嚕！

浣腸本來就是個調皮的屁孩，又加上運動神經明顯的不發達，每當他主動挑釁別貓，成功惹怒對方後，對方一找他決鬥，他就會慌張得不知所措。

這時候會有三種可能：一是他可能會在原地尖叫，然後直接被揍，當然浣腸也會不甘示弱的跟對方扭打成一團，然後兩敗俱傷；二是他想要逃跑，但是因為運動神經不夠敏捷，所以可能還是會被追到，一樣扭成一團，或是他自己走路不小心，橫衝直撞導致受傷；最後還有一種狀況，就是剛好被我們發現爭端，並在發生慘劇之前及時阻止，這當然是最好的結果，但可惜劇情常常都不是這樣發展的。

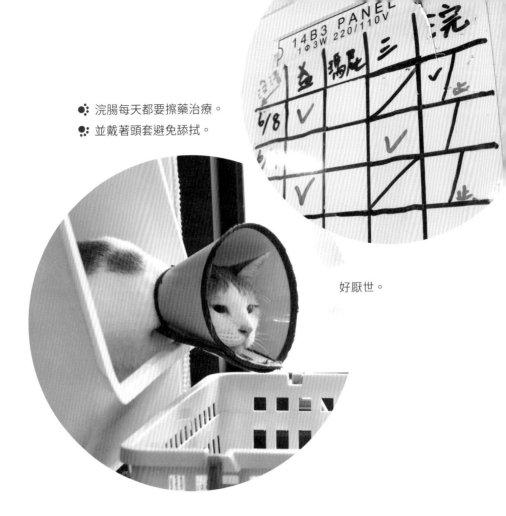

- 浣腸每天都要擦藥治療。
- 並戴著頭套避免舔拭。

好厭世。

浣腸的腳傷原因，大概就是上述的某一種狀態，我們發現時也不是因為他有表現出什麼異常的動作，只是某天小幫手在撫摸他時，意外發現他腳上的傷，並且帶他就醫。

浣腸的傷主要是指甲脫窠，簡單來說就是指甲脫離了原本應該生長的位置，醫生說浣腸應該會痛，但浣腸表面卻看不出任何異狀。

看診後的照護，必須每天服用口服藥之外，還需要外抹藥膏，而真正最困難的任務，是要幫他用生理食鹽水沖洗傷口，並且每天推他那已經有點剝落的指甲，避免脫窠的指甲黏住手指，導致未來可能要做去爪手術。

這些照護動作其實都是會讓他感到疼痛的，所以幫他照護的時候真的非常不忍，但為了浣腸好，我們也只能狠下心來幫他，還好經過將近一個月養護後，他脫窠的指甲終於自動脫落，後來也沒有再嚴重的復發，指甲也總算是能保留住了。

呵呵，有蜜蜂！

柚子哥哥救我。

為什麼我變成
蜜蜂了……

後來沒過多久，又有類似的指甲受傷事件，雖然沒有之前那次嚴
重，但也讓我們更擔心別貓與浣腸的相處，正好在這期間狸貓成
功透過抱抱訓練收服了浣腸，浣腸開始喜歡黏在狸貓身邊，也就
沒那麼多機會去找別貓吵架，只不過我們沒人在的時候，還是得
用隔離方式避免他與嚕嚕、阿瑪共處，以維持後宮的平靜。

　　　　🐾 充滿怨氣的腸。

複雜多元的競技場 /

Soso 的跑跑賽道

不知道是不是錯覺，總覺得黑貓就是比較愛跑步衝刺，我一直有一種黑貓移動很迅速的刻板印象，像是以前鬼片中的黑貓好像都很來無影去無蹤，魔女宅急便裡頭的小黑貓如果跑得不快應該也無法送信吧？雖然沒看過Socles的小時候，但自從認識她到現在，她就一直有著像是女忍者的精實與爆發力，速度的追求，應該就是她最重要的貓生挑戰吧！

所有的高處都有 Soso 的蹤跡。

從前在舊後宮，Socles 就喜歡在那個小小的客廳奔跑，只不過當時的空間，並沒有被我們發揮完全，她每次跑一跑，也就只能回到地面上，應該很不過癮吧，現在回想起來，她一定覺得那個跑道很弱，根本是閉著眼都能破關的小孩遊戲。

新家的貓跑道非常完整地圍繞了整個客廳，而且上上下下的路線很多個，不再像從前那樣單一貧乏，現在的跑道不只比以前更高，總長度也多出許多，她在上面已經不只是可以盡情地跑，還可以隨時加速衝刺，加上 Socles 自己的天分與練習，她在上面的移動已經可說是行雲流水，連柚子都看不到她的車尾燈，這也難怪 Socles 會這麼愛待在客廳了，像 Socles 這種充滿運動細胞卻又不愛與別貓打交道的女漢子，當然要選擇這種躲藏路徑多且複雜的競技場地形，像辦公室那種簡單的練習場地，就留給想安穩休息的貓咪吧！

特別在 Soso 箱裡裝了小燈，讓她在吃飯的時候
可以看得到自己吃了什麼，並且方便我們看到她
（不然會整隻消失找不到），值得一提的是，原
本有兩排小燈，沒想到才裝了一天，柚子就把其
中一排的燈咬斷了，所以 Soso 特別恨柚子（並沒
有啦），之後開小燈的時候會盡量不讓柚子看到，
避免柚子哪天再來鬧事。

🐾 百年難得一見，竟然拍到嘴巴了！

三腳口炎照護 /

每天都要繼續靠著你

自從開始治療口炎，吃藥已經成了三腳的每日日常，即使再怎麼捨不得，也只能按照醫囑每日餵她藥，好在三腳聽話，總是不怎麼抵抗，也可能是她知道抵抗也沒用，所以索性就隨我們了。

三腳的親人程度，在後宮貓咪中可以算是數一數二，人只要在她的視線範圍內，她就有很大的機會主動靠近，即使是幾乎每天都要服藥的現在，也絲毫沒有改變。

不想吃……

在三腳的心裡，想必有一個很美麗的花園，裡面種著一株株的，全是關於人類的美好，她對人類所有的信任，便來自那些美好的記憶，即使偶爾會被強迫吃藥，即使她下意識還是會想逃跑，但在吃藥過後，她對人的信任不曾改變，就算每一次的靠近，都可能換來被餵藥的背叛，她也仍不顧一切的勇敢前進，只為了可能剛好不必吃藥的片刻溫暖。

🐾 吃完藥就呼嚕呼嚕。

🐾 不知道怎麼弄髒鼻子的。

有時我備妥了藥，看著三腳從遠處凝望著我的眼神，我當下竟希望她別跑來，就算明知道自己是為她好，不是在傷害她，卻還是不捨她的冀望最後又是換來一場背叛，所以有時我們看她主動跑來，反而會先放下手邊的藥，將手借給她，用身體溫暖她，至於吃藥，就晚點再說吧！

🐾 自主理毛時間到！

阿瑪緊急送醫 /

消失的耳塞

關於減肥，真是讓人為難的一件事，我們當然知道貓咪不能太胖，太胖有礙他們的身體健康，我們也認同「一定要好好幫他們減重」，也一直朝這個目標努力中，但實際上操作起來，實在是困難重重。

光明正大說
朕壞話？

首先，阿瑪真的是易胖體質，他明明吃的不比別貓多，卻怎麼樣就是瘦不下來；再來，阿瑪他真的很不耐餓，別貓偶爾餓一下不會怎樣，但阿瑪會想方設法逼我們給他食物，原以為只要鐵下心不理他就沒事了，後來我們才發現，他真的很餓的時候，是真的會飢不擇食，這才是讓我們最頭痛的狀況。

一般來說，他餓的時候會去找塑膠來咬，所以我們會盡可能把塑膠製品都收好，以前我們還以為，他咬塑膠應該只是要演給我們看，並非是真的想吃，但後來我們發現，他是真的想把它們吃下肚，不只是做做樣子，所以後來我們很嚴格在執行收塑膠的任務，只要阿瑪待著的空間，就不能讓他有機會碰到。

把朕弄暈，再一直盯著朕的胃看，人類真的很變態！

😺 三位醫生分工合作找耳塞。

原以為這樣已經萬無一失，萬萬沒想到阿瑪竟然連耳塞都不放過，某天狸貓在他房間裡發現了半顆耳塞，卻怎麼也找不到耳塞的另外一半，看著房內只有阿瑪在，又想到阿瑪有異食癖，幾乎是馬上就斷定，那半顆耳塞肯定在他的身體裡，於是緊急送醫檢查。

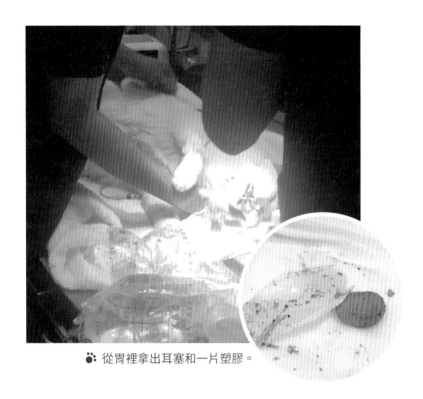

🐾 從胃裡拿出耳塞和一片塑膠。

醫生檢查過後，發現那耳塞果然是被阿瑪吃下肚，好在發現得早，耳塞還在胃裡，用內視鏡就能夠直接取出，也不需要服藥或開刀，才總算讓我們鬆了一大口氣。

經過這次事件後，也讓我們重新思考幫貓咪們減肥這個課題，或許在外人眼裡，只會看見阿瑪始終很胖的結果，卻不知道在鏡頭的背後，我們其實也花了很多心思在努力著，面對他們的身體狀況，一直都是我們考量任何事情的第一優先，當然，這也是未來永遠不會改變的準則。

貓奴知識

貓咪減肥要注意的事

關於貓咪減肥，大致上的方法就是少吃多運動，這應該是大家都知道的概念，因為後宮貓咪們的減肥成效，實在是不怎麼好，我們就不一一詳述減肥方法了（實在丟人現眼），相關資訊應該網路上都查得到，或是找獸醫師詢問應該也都會有很好的建議，希望大家的毛小孩都能有勻稱健康的體態，千萬別跟阿瑪看齊啊！

不過在我們幫貓咪減重多年的經驗下，以下還是有幾點需要注意的事項，想要分享給大家，希望多少能有所幫助。

不關朕的事。

1 **幫貓咪減重千萬不能求快**

一定要慢慢來，否則貓咪很容易因此有脂肪肝，反而造成身體更大的傷害。一般獸醫建議的速度大概是每週減 0.5 － 2%，大概相當於一隻八公斤的貓，每個月不要減超過 0.6 公斤，如果貓咪本身有其他疾病的話，更應該與獸醫師經過討論，再來有計畫的為貓咪減重比較好喔！

2 **小心別餓了瘦貓卻飽了胖貓**

這其實也是後宮常發生的狀況，當多貓家庭要一起幫貓咪減重時，要記得分開餵食，否則很有可能比較胖的貓剛好又是家中地位較高的，那他就會霸占別貓的食物，導致最後減重成功的是，本來就沒那麼需要減重的瘦貓，而最該變瘦的胖貓反而變得越來越重。

3 **照顧好貓咪的心情**

我想這跟人一樣，肚子餓了就容易心情不好、脾氣暴躁，貓咪當然也是如此，所以如果可以的話，不要讓他們覺得你是不愛他了、不理他了，才讓他這樣餓肚子，我們可以花更多時間陪在他身邊，像是陪他遊戲、運動，除了增進人貓之間的親子關係、照顧好他們的情緒之外，也順便讓他們有多點消耗熱量的機會。

貓咪異食癖

所謂「貓咪異食癖」，就是指有些貓喜歡吃他們不能吃的物品，最常見的就是塑膠、布類、泡綿、或是線類，但是我們不太可能24小時每個片刻都盯著他們，如果是親眼見到貓咪吃下，或是像我們看到耳塞這類的殘骸，甚至是伴隨著排泄物排出，那就是可以確定貓咪吃下異物的徵兆，必須緊急送醫，或是仔細觀察有無異狀表現；除此之外，貓誤食異物還有很多可能發生的病徵，像是出現試圖把異物吐出的動作、嘔吐、拉肚子，或是食欲不振等等，都有可能是因為誤食異物所導致。

我超愛咬 iPhone 線！

好吃好吃。

🐾 柚子愛咬線，阿瑪愛咬塑膠和橡膠。

這邊想特別提醒一下大家，在所有異物的種類中，對他們來說最危險的就是「線」，線進入貓咪身體裡後，剛開始並不容易被察覺，甚至透過X光也照不出來，貓咪一開始也不一定會有任何病徵，但是隨著腸道的蠕動，可能會把腸子串在一塊，造成腸道切割或是穿孔，造成十分嚴重的傷害，甚至會因此死亡，所以大家一定要把線都收拾好，萬一發現貓咪真的把線吃掉了，也一定要帶去就醫，千萬不可以冒任何風險。

至於造成貓咪異食癖的原因，可能有心理因素、生理因素、品種因素。心理因素的占比是最大的，壓力大、缺乏刺激，甚至是長期饑餓都有可能造成，另外根據研究也有一說，太早離乳的貓咪也有比較大的機會出現異食癖；此外貓咪生病也很可能造成貓咪亂吃東西，不過確切原因還是該帶到醫院檢查才能得知；再來就是品種因素，有部分品種也有被研究指出，較喜歡某些特殊材質製品，像是暹羅貓就可能對毛衣、毯子特別偏愛，不可不慎。

很抱歉！

🐾 嚕嚕最愛咬塑膠。

我喜歡吃塑膠袋的手把！

柚子的不滿 /

聰明的叛逆

在後宮眾貓中，對貓生最不滿足的，大概就是柚子了。柚子與生俱來的聰明，使他很容易適應新環境，也讓他很容易與人貓打成一片，而缺點就是因為他對一切都太容易適應了，反而缺少新的刺激、新的目標。

先正經一下！

喔啦啦啦啦啦啊啦！

🐾 柚子的表情秀！

開心～

柚子雖然已經不是小孩了，但跟老貓們相比，畢竟還算是個精力旺盛的少年，需要很豐富的生活才能讓他保持不無聊（因為一無聊就會作怪）。我想大概連他自己也很困擾吧！

這大概也是他調皮表現背後的一個重要因素，我們常常說他鬼靈精怪，他喜歡騎小藍小棕或是浣腸（但浣腸不喜歡），他喜歡搗亂，而最愛噴尿的也是他，但我覺得，其實他完全知道自己在做什麼，他知道自己正在做我們或別貓不喜歡的事，他也知道 Soso 討厭被他追，但他心血來潮時還是會做，而且不得不說，他把使壞的分寸拿捏得很好，他大概知道我們忍耐的極限在哪（但其實我自己都不知道我的極限在哪），他更知道如何不費吹灰之力就能使我們崩潰，非常有效率。

嘿！

呵！
呵！

而且對於現狀的不滿，他也很善於表達，有時他會主動跑到你面前叫，那可能是想要得到你馬上就能做的服務，像是肚子餓要人餵飯，或是希望能被拍屁屁，又或者是天氣太冷想要躲進我們的外套裡頭取暖，對他而言，這些都是我們立即能做到的「舉手之勞」。

🐾 跑到 Socles 的地盤作怪，還被我們捕捉到犯罪證據。

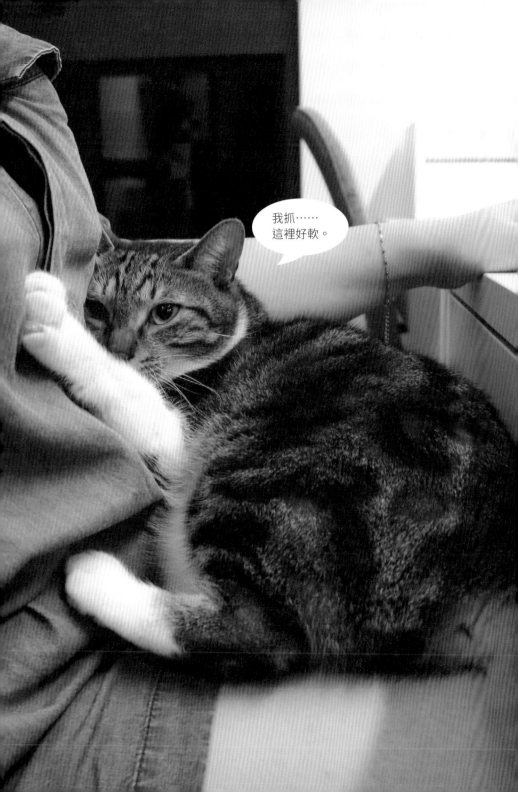

聽起來好像我對於柚子充滿抱怨，但其實不全然是，面對難解的貓咪行為問題，家家戶戶都有一本難以訴說的辛苦，比起忍著巨大心理壓力，卻沒有適當釋放，因此造成生理疾病，或許這就是貓咪們能與我們溝通最有效的途徑，再加上養貓久了，對於貓咪的各種使壞，我們也算是練就了一身應對之術（其實就是善後清理），這沒什麼，真的，只要他們身體健康，一直安穩陪著我們，那就夠了。

抱抱！抱抱！

🐾 柚子其實很愛撒嬌。

呵呵。

你們都拿我沒辦法啦，啊哈哈哈哈哈哈！

111

招弟的貓語學習

很多人會把養貓比喻成開驚喜包,因為你永遠無法斷定,自己眼前的這隻貓咪,回到自己家裡會變成什麼模樣。

一方面指的是外表,有的貓還沒遇到奴才前,因為流浪在外沒東西吃,整身骨瘦如柴,又髒又餓,但是一被人帶回家侍奉,就會像充氣般變得圓潤可愛;另一方面是指他們的個性變化,有些貓小時候怕人,經過人類的耐心陪伴,還是很有可能變得親人,反之,也有親人變得怕人的例子(剛領養時的浣腸就是這樣)。而招弟很特別,她屬於綜合型。

我當年剛帶回招弟時，她超級親人，整天討摸討抱，結果幾個月後，突然像變隻貓似的不理人，變得不呼嚕也不說話了，我們當時也猜不透她怎麼了，只是覺得有些失落，不過又自我安慰，想說也許是長大了，變得文靜或是獨立也不是什麼大事。

一直到幾個月前的某天，我突然聽見招弟在叫，而且不是一兩聲那種，是一連串的發言那種，我本來猜想她該不會是身體不舒服，因此有點擔心，但她當下也沒異狀，我又想該不會是學別隻貓一樣在討食吧，抱持著姑且一試的心態放飯，招弟馬上大口猛吃，我才驚覺招弟竟然也會開口要求食物了！

這件事讓當時的我很震驚，因為我根本不知道她懂得對話，甚至不確定是什麼時候開始的。而且從那之後，我就發現她很愛說話，像是個牙牙學語的孩子般，可能對於自己可以開口提出要求這件事感到興奮吧，但其實最開心的應該還是我們，因為透過她的發言要求，我們才有機會滿足她，而被滿足的她，似乎又會因此更相信我們是有用的，是聽得懂她的貓語的，從此之後在她眼中，終於變成有用的人。

🐾 攤成爛泥形狀的招弟（旁邊是柚子）。

🐾 招弟最擅長用厭世表情
　做出許多呆萌的動作。

有時候跟浣腸靠在一起睡也可以。

也許是因為如此，招弟也變得更親人了，以前摸她她會閃躲，但現在就會多點耐心，願意配合我們摸一下（不過還是不能太久）。真希望未來能有一天，她把我們當神崇拜，那我就要請她去管管其他貓，總該盡一點身為皇后的責任吧！

嚕嚕自己也想不透 /

矛盾的嚕嚕

若是嚕嚕變成了人，應該會是個不苟言笑的大男人吧！表面總是一本正經嚴肅的模樣，內心卻又像個小孩子，在他平日的生活裡，也總是存在許多大大小小的矛盾感。

🐾 嚕嚕特別喜歡有人在的
　　地方，越多人越好。

熟悉嚕嚕的人都知道，他明明就很親人、很需要人，卻每次都愛裝酷，
搞得不認識他的人，看到他那凶神惡煞的模樣，就總是被嚇得退避三舍，
但他雖然臉色兇惡，卻又老是很反差的主動討摸示好，總讓人失去戒心、
減少防備，等到別人終於敞開心房，想要安心撫摸他時，卻又隨時要有
被攻擊的心理準備。

那種感覺很像是面對一個嚴肅的教官，他明明內心很善良，卻老是板著
臉孔，當你懼怕他時，他可能會來主動關心，於是你想：「教官其實人
也滿好的嘛！」因此與教官之間的距離漸漸拉近，當你以為跟教官交情
好到可以開開玩笑的程度時，卻又冷不防被他翻臉訓斥。

●: 嚕嚕小房間的睡覺專用窩。

在新家有個儲物小房間，應該算是後宮裡唯一比較專屬於他的空間，照理說他應該很愛，但其實也不完全是。他對那個空間的喜惡，其實存在著很複雜的心情，平時白天不會有其他貓在裡面，就連嚕嚕也只有晚上睡覺前或是用餐時間，才會自己跑進去，平時下午他也會在裡面午睡，但是卻不願意讓別隻貓進入。

但其實說真的，平常偶爾會想要進去的，也只有柚子、浣腸跟阿瑪，尤其是浣腸，幾乎每天都想往裡面跑，但他只要一進去，馬上就會傳來他與嚕嚕吵架的聲響，很明顯這些公貓根本也不是真的喜歡那個空間，他們之所以進去那間房間，單純是為了想占嚕嚕地盤，抱持著強烈嗆聲的宣示意圖。

至於嚕嚕，他當然也知道這些貓咪的意圖，他只是愛面子或是不想被挑戰，根本不是真的很愛那個房間，平常那間房間不會有人，他那麼親人，要他待在裡面簡直無聊透頂，所以只有特殊時間，他想要圖個清靜時，才會主動進去（吃飯或睡覺），之所以對這空間存在著這份執著，或許是因對他而言，這是他目前在新後宮僅有的專屬地盤了吧！

🐾 嚕嚕最愛在工作區，賴著小幫手的電腦不走。

為什麼小幫手們都
不見了……

寂寞的嚕嚕待在沒
人的座位上睡覺。

好想摸摸……

125

貓尿根本不算什麼 /

依然亂尿的日常

很多人都好奇，後宮搬了新家之後，大家還是愛亂尿尿嗎？我只能說，說不上是愛啦，沒有到「不得不尿」的地步，頂多是他們閒來無事的小確幸，或是對我們懶得用講的，直接用尿來表現各種情緒的那種便利感，是不到愛的境界，不過應該還是喜歡吧，嗯……大家還是喜歡亂尿尿喔！（笑）

一定有人會疑惑，之前搬家影片不是說到，他們搬家後變得不太亂尿，怎麼現在又尿了呢？認真說起來，搬家後的確有稍微減緩，不過好景不常，沒過多久就又開始發作，可能是因為剛搬家時，大家還忙著探索環境，等到熟悉地形與逃跑路線之後，就可以更大膽妄為了。

再者，因為新後宮空間變大，所以找貓尿來源的難度也增加了呢！（再笑）不過我始終相信，只要聞到貓尿的味道，就代表附近一定有貓尿，只要用心找，就一定會找到的，重點是，只要最後找到它，就可以清潔它，那麼環境中的貓尿味道也就會消失喔！（真是段勵志的廢話）

我不會亂尿喔～

浣腸、嚕嚕、柚子都是尿尿戰隊的戰將。

🐾 難得在同一張桌面的 Soso 跟嚕嚕。

相信自己的嗅覺

柚子喜歡在夜深人靜的時候，在家中各處偷噴尿。

噴。

因為柚子只噴一點尿所以味道會很淡，導致人類們無法分辨到底尿在哪裡。

牆壁這裡好像有味道？

沒有味道啊。

不是吧？是在螢幕這吧？

各位小幫手聽我說。

志銘↓

只要有味道，

就一定有尿！

喔喔喔喔喔喔喔喔喔

節錄自阿瑪漫畫《生活系列》的其中一篇。

狸貓的私密生活 /

睡不好的日常

對於常住在後宮的我（狸貓）來說，睡不好是我感受最深的一件事情，雖然新後宮空間變大了，但也許是因為貓咪年紀增長，某幾隻貓越來越黏我，沒錯，就是阿瑪和三腳，如果有常常 follow 阿瑪的 Instagram，應該會發現他們兩位很常晚上出現在我的房間，尤其是三腳，她可以一整天都待在我的房間吃喝睡。

這兩位是最直接影響我睡眠的原因，他們總是會在我躺好的時候，分別壓在我身上的不同地方（三腳最常躺腋下，阿瑪愛睡胯下），天氣冷的時候阿瑪還會要求鑽到被窩裡，這個畫面看起來很溫馨甜蜜，但各位可以想像一下，他們兩位的重量實在是不容小覷（甜蜜的負荷），加上怕打擾到他們睡覺，我都會不敢翻身移動，深怕壓到他們（這點貓奴們應該很認同！）因此，我非常難入眠，不過習慣成自然，久了倒好一些，至於其他幾個睡不好的原因，就是房門外的貓咪了。

浣腸跟嚕嚕在晚上基本上都會被隔離開，只是他們被隔離的時候，都會對著房門大叫，彷彿在說「放我出來啊啊啊！臭狸貓！！！」（一定是這個意思），他們常常一叫就會叫超過半小時，即使戴上耳塞，也很難阻隔他們可愛的喵喵聲（在半夜聽到完全不會覺得可愛喔），解決方案就是，在我睡前陪他們多玩一下，玩完再把他們各自帶到房間放飯、關燈，等到他們吃飽後，就會想安安靜靜的睡覺了，這個方法大概十次有八次能夠成功，真的就像在照顧小朋友呢！

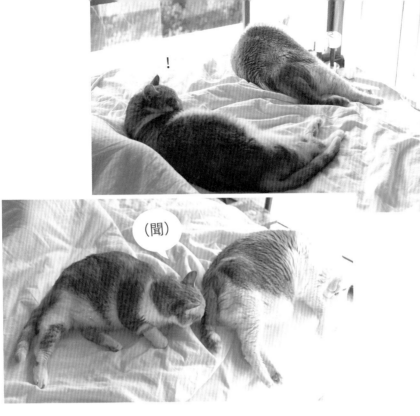

三腳偶爾會聞阿瑪的屁股（可能是對瑪屁有迷戀）。

有時候卻又離得很遠，像是小倆口在吵架（誤會一場）！

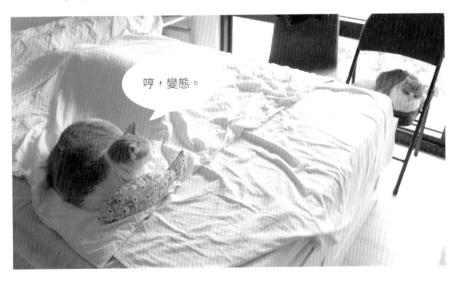

還有另一個比較少發生的狀況，但只要一發生，我就會被嚇醒，然後就再也睡不著……柚子有時候會去追 Socles，雖然新後宮的逃生路線已經非常完備，幾乎不可能會被追到，但 Soso 總是習慣邊逃邊大叫，而且叫得非常慘烈，就像已經要被柚子生吞活剝一樣，可是實際上柚子根本沒有碰到她（從頭到尾都沒碰到），這大概是 Socles 對其他貓的驅離術吧！不過這狀況大概一週只會有一兩次，甚至更少，畢竟空間很大，兩個要碰到面已經不容易，加上 Soso 那麼黑、又愛躲在角落，要遇上根本難上加難啊！

以上，就是小弟我本人在半夜會遇到的事情，最後我來幫各位總結一下，主要影響我睡眠的因素有：兩隻肥貓壓在我身旁、嚕嚕浣腸不定時發出愛的呼喊、柚子與 Soso 的尖叫運動會，那招弟呢？我只能說，招弟真的是完美的貓咪，在半夜總是安安靜靜，她就如同是女神般的存在，在此默默再許個願：如果其它幾隻貓都像招弟那麼安靜就好了！（根本不可能）

去關嚕嚕！
不要關我！

去關浣腸！
死鬥雞眼！

04
遇見小奶貓
說奶貓很可愛的人,先給我好好看完這章節!

相遇

一面之緣

緣分就是這麼奇妙，來的時候擋都擋不住（好爛的開頭），故事得從這裡說起，我（狸貓）在十一月底的時候，為了【怎麼可能忘了你】MV 的拍攝，提早一週回舊後宮整理雜物，當晚直接在那睡覺，隔天一早去地下室倒完垃圾，就隱約聽到遠方傳來了貓叫聲，此時我心中想的不是……「天啊是有小貓咪？怎麼了？需要我幫忙嗎？」，而是「天啊！狸貓你絕對不能走過去喔！你去看了一定會帶他們走，不可以！你已經有七隻貓了欸！」但我的身體最後還是不由自主地往聲音傳來的方向走了過去。

聲音是從一個奇怪的木板小洞傳來的，我低頭往洞裡看進去，就看到一隻小奶貓在洞的門口（很像是警衛），同時發現後面有另外三隻同年齡的小奶貓瑟縮抱在一起，大概是剛睜眼的那種小奶貓，附近也沒有母貓在，很像是第一次看見人類的他們，瞬間全部安靜，而且以傻眼的狀態盯著我。

🐾 小貓們就在這黑洞的深處。

「不可以摸奶貓喔，因為母貓會回來，一摸就會害他們被母貓棄養！」我心中默默碎念起這段話，心想，站在門口這隻小花貓差點害死自己和其他夥伴，妳這樣大叫，如果來的人是壞人怎麼辦？

因為他們還是很怕人的狀態，又都藏在深處，現況算是安全的，應該是被母貓保護得很好，目前還不需要人類插手救援，於是我就趕快轉身離開，希望他們在這邊過得順利，要好好學習警覺，不要太親近人類，才不會容易被別人抓走或欺負喔，離開前我一直這樣用念力提醒他們。

👀 為了【怎麼可能忘了你】MV 的拍攝而巧遇他們。

緣分

再次相遇

就在 MV 拍攝的前一天，我們再次
去舊後宮整理環境，而當天先去整
理的是小幫手飄飄，才剛去沒多
久，飄飄就聯繫我們：「警衛問我
們要不要再養幾隻小貓，因為他們
抓到一隻母貓跟一群小奶貓，母貓
已經送去收容所，但小奶貓收容所
沒辦法收……」

聽到的當下真的非常傻眼，但我也無法改變什麼，這也是許多人會遇到的狀況，我們自己喜歡貓，不代表附近的鄰居或社區就都喜歡貓，但說真的，這種事情應該要有更好的處理方式，不應該讓奶貓這麼小就沒母貓照顧，這樣奶貓危險，失去了母奶的保護，會讓他們很難長大，夭折機率大增，除此之外，那隻母貓也會因為漲奶而痛苦，不過事情都發展至此了，多說也是無益，至少奶貓我們要想辦法救。

「真的假的？那我們等等過去看看！」聽完飄飄的描述，心想一定是我前一週遇到的那群奶貓，一定是小花貓亂叫害他們整群被發現（她根本亂當警衛），只是當下我與志銘正在為某些事煩惱著，當時我心裡一直掙扎，真的要在這種心煩意亂的時候去帶奶貓回來嗎？

雖然志銘沒有看過那群奶貓，但他也馬上決定要把他們帶回來照顧，畢竟沒有母貓，他們被丟著一定很快就死掉，我們達成共識後，就立馬出發去接他們。

🐾 再次遇到這群小貓。

144

「他們都不太喝奶，也沒什麼活動欸！」社區警衛這麼跟我說，我看著奶貓們瑟縮在紙箱裡，精神明顯比前一週的狀態差，小花貓的眼睛甚至還腫脹張不開，當下我覺得，她的眼睛大概保不住了吧，同時一邊把他們裝入乾淨的紙箱，迅速帶去醫院。

🐾 窩在一起很緊張的樣子。

走前，鄰居看到我們，對我們說：「真是有愛心啊，謝謝你們！」其實我自認自己不算是多有愛心的人，我只是心太軟，很多事放不下，我也沒辦法幫助全天下的貓，只不過上週才遇見他們，這週他們就出事，還少了媽媽陪著，換作是任何人，也沒辦法對這種緣分置之不理吧？

到醫院後，因為我們晚上還有工作要外出，所以先把小貓們放置在醫院保溫（小貓很容易失溫而死），並告知醫護人員，我們晚上結束工作後會回來接他們，離去前護士問起他們的名字？情急之下，我就幫他們取了個方便記憶的團名「四小虎」，嗯……感覺是個很棒的團體呢！

🐾 一隻有美短虎斑。
🐾 左邊這隻是白底虎斑。

🐾 撿到小貓建議馬上去醫院檢查喔！

🐾 唯一的小花貓。
🐾 最好動的一隻白底虎斑。

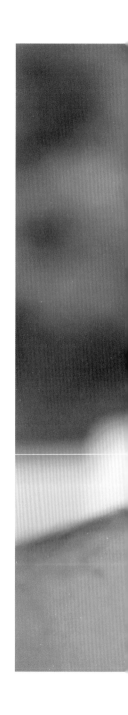

挑戰

學習如何照顧奶貓

「照顧奶貓，就像在照顧小孩一樣。」這句話絕對沒有錯，那晚回醫院仔細聆聽醫師的照護交代後，就把小奶貓帶回家照顧了。

也許有人會想，醫院怎麼不幫忙照顧呢？因為醫院不是24 小時營業，但大概一週大的奶貓，卻是需要每兩個小時被餵貓咪專用奶和催尿催便一次，你沒看錯，就是兩個小時，打個比方，半夜一點餵完他們，半夜三點多就要再餵一次。

😺 幫四小虎拍團體照，但一直失控。

🐾 催尿催便很重要！
🐾 每兩小時就要餵奶一次！

「那為什麼不一次多餵點奶呢？」因為小奶貓的身體還未發育完全，沒辦法儲存能量，所以才要每隔兩小時的一直補充能量，如果一沒有營養，就很容易造成失溫甚至死亡。這個時候就覺得母貓真的很辛苦，也非常重要啊，那些把母貓抓去收容所的人，你們知不知道啊（擤鼻涕擦眼淚）？

四小虎雖然可愛，但照顧起來真的是累爆，我們完全無法想像愛媽、愛爸（收留流浪動物的人）平時接了那麼多隻討食的幼獸，他們到底是怎麼休息的。

> ● 必備消毒酒精。

在半夜餵養奶貓的同時，別隻大貓也發現他們的存在（尤其是很愛吃醋的柚子），但為了避免傳染疾病，這時候還不能讓他們彼此接觸，奶貓們接觸過的東西也都得用酒精消毒處理（盆器、桌面、衣服）。

醫師有交代，每日都要觀察奶貓們的體重，一定要每天都變重，絕對不能變瘦，變瘦就有可能有狀況；另外每次餵奶都需要用溫水來催尿、催便，這個動作一定要做得很確實，便便不會每次都有，但尿尿一定是每次都要有，小貓被催尿那種享受的表情，每次看都覺得很可愛（但凌晨三點爬起床催尿的時候就不覺得那麼可愛了嗚嗚）。餵奶和催尿便這兩件事，就要做到他們能自主吃、自主便溺才能停止，大概也是需要花四到八週的時間，聽起來很短對不對？但請想想這幾件事是每幾個小時就要做一次，對於日常生活的節奏，真的會造成很明顯的影響啊（崩潰）！

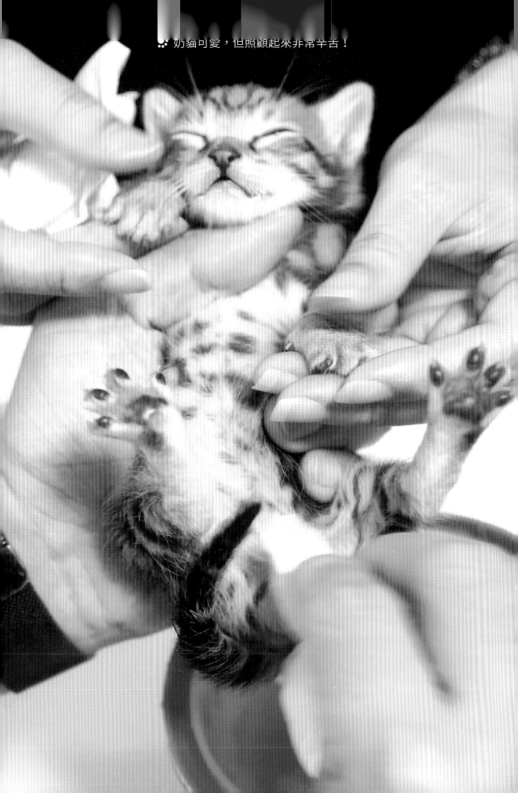
奶貓可愛，但照顧起來非常辛苦！

>> 一天天長大，一天天捨不得。 <<

隨著奶貓年紀增大，餵奶催尿的工作就可以拉長間隔至四到六小時做一次，這個時期就會輕鬆一些，不過跟照顧大貓相比，還是會滿花時間的，而除了花時間，貓咪專用奶粉也是滿貴的，我們用的貓奶粉是醫生推薦的品牌 KXX，一罐四隻吃大概只能泡三天到四天的量，這樣是台幣 500 多，餵養一個月就可能要花 4000 多，所以有時候看到愛媽愛爸在送養時，他們會多少收一點補助費用，其實是很合理的，畢竟這樣才能更支撐他們繼續做中途下去，這實在是吃力不討好的工作啊！

然而，就在每日為四小虎把屎把尿的照顧之下，看著他們一天一天長大，看著他們開始學會主動喝奶、主動吃罐罐，我們才驚覺，好像不小心有點日久生情了呢……

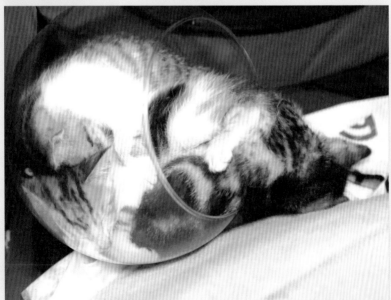

🐾 四小虎們很愛躲到透明魚缸裡，但越長越大後就發現漸漸塞不進去了。

認識

四小虎介紹

為了方便記憶餵食順序，當初醫生有幫每隻貓設定編號，後來我們也繼續沿用，其實一方面也是避免未來對他們產生過多感情，就先只用號碼來稱呼他們。

四小虎的編號分別是一號到四號。其中三號有個額外的小名「阿呆」，這是醫生取的，因為他的下垂眼睛實在太有特色，所以得名，而四小虎之中，還有四號有額外名字「小花」，主要就是因為她是一隻三花貓，同時也是四小虎中唯一的女生，其餘都是看起來很像柚子的臭男生，看看這個性別比例，基本上唯一有可能入宮的，大概也只有四號了，畢竟公貓還是比較有可能會噴尿占地盤。（欸！開玩笑的！我們沒有要再養了啦～）

一號（白底虎斑）
二號（美短虎斑）

一號的個性算是滿溫順的，餵奶和催尿都乖乖的；二號也與一號差不多，但食量明顯比一號多；而三號（阿呆）應該就是個性最急的，也真的很呆，對於喝奶非常激動，激動到他會找不到奶嘴的位置，只會胡亂抓咬，每回我們都怕奶嘴頭會被三號咬壞；而唯一的女生四號，應該跟一號差不多溫柔，她會慢慢吃完，也不會急著到處走，她就呆呆坐在原地，等我們再把她放回隔離籠裡。

🐾 三號 (白底虎斑)
🐾 四號 (三花)

另外值得一提的是，他們對於催尿催便的反應也很有趣，我們拿著沾濕溫水的衛生紙，輕輕按壓他們尿尿與屁屁的位置，剛開始他們都會很不習慣的大叫扭動，像三號就是會從開始叫到結束，而且瘋狂亂扭；但也有反應不那麼激動的，像二號就是截然不同的反應，只要我們一幫他催尿，他就會馬上安靜，並且閉上雙眼，彷彿在享受著上廁所的樂趣呢！由此可知貓咪的個性差異，是從小就不同，初來乍到這個世界的他們，各自有各自的主見，實在是非常有趣。

補充一點，狸貓當時在舊後宮地下室準備帶回四小虎時，曾經拍了一小段影片，記錄了他把四小虎一一放入紙箱的畫面，我們後來回放這段影片，才意外發現狸貓當時放入紙箱的順序，竟湊巧就是後來醫生為四小虎設定的編號（一號到四號的順序完全一致），或許這也算是某種冥冥之中的緣分吧，但我們真的沒有要養啦（嗚嗚）！

🐾 後宮有很多顧奶貓的新手，大家一起攜手學習照顧他們（呵）。

🐾 第一次回診，在醫院大吵大鬧。

一號

二號

三號

四號

天底下沒有不散的筵席（又是老哏話），更何況我們原本就只是想要當他們的中途，當他們的貓生中繼站，既然他們已經可以主動吃飯，也開始很有活力每天遊戲玩耍，進入了貓咪社會化的階段，那也就代表著我們的階段性任務達成，離別的時刻即將到來，為了他們的貓生幸福，是該好好為他們找家了。

以前沒當過中途，沒有體會過這樣的心情，難免覺得有些中途找尋領養人的條件稍嫌苛刻，但如今身為送養人，才知道這種像是要嫁女兒的心情，有多麼忐忑不安。我們看著這些本來可能活不下去的小生命，一天一天在我們的手裡成長，如今要送出去了，當然希望他們都能找到完美的奴才及家庭，永無後顧之憂。

一起吃飯，一起玩耍，一起變胖。

雖然在本書截稿前，四小虎還沒正式
送出，不過已經陸續在面談收養人，
並且勘查收養人家庭狀況，希望最終
都能幫他們踏上幸福之路。

如何尋找到適合的領養人？

有些人會質疑，很多中途愛媽、愛爸把領養門檻訂得很高，根本是不想讓人領養，但其實並不是這樣的。正如前文提到，這完全是出自對這些貓咪們的關愛，因為真正用心照顧過，所以更不可能隨便敷衍，只要想到有可能因為自己一時疏忽，就不小心將貓咪送入地獄，雖然機率不高，但是沒有任何中途會想要冒這個風險。

以下，是我們為這群小貓設定的領養條件：

1

必須要有固定職業及穩定收入

這是最實際的必要條件，不論是養什麼寵物，沒有錢是不可能的，從基本的伙食費，到預防針、絕育甚至未來可能要面對的醫療費，都會是非常龐大的開銷，若是沒有經濟基礎，是沒有辦法當貓咪們的堅強後盾的。

2

家庭環境審核

這是為了貓咪的安全著想，為了確保貓咪能一直安穩待在安全環境，會需要確保領養人的家，不會有讓貓咪不小心跑出外頭的疑慮，譬如是否位於一樓，容易直接衝出去，有沒有防護裝置呢？或是窗戶（紗窗）有無安全措施？總之，就是用過往的經驗來提醒即將上任的新貓奴，也是為了避免貓咪未來出意外的各種可能。

受小的一拜

面談

養貓除了上述條件之外,還要擁有很正確的養貓觀念,所以會希望與領養人及未來會與貓咪同居的所有家人們面談,確保大家對於貓咪的基本觀念是正確的,譬如有些人會認為養貓可以幫忙抓老鼠,並且抱持過高期待,那我們就會希望他知道,這並非絕對,需要看貓咪個性而定;又或者領養家庭遇到貓咪生病時的處理態度及治療意願(動物醫療費很貴的),也可能是我們決定送養與否的重要關鍵。

除了上述各方面評估之外,也會要求未來需要追蹤貓咪狀況一段時間,並與領養人簽訂切結書,裡面需要有領養人正確資訊,並有相關罰則。聽起來很可怕很刁難,但其實這是給送養人一個安心,對於大部分愛貓咪的領養人來說,是不會真的產生太大的困擾的。

若是嫌麻煩的話,到各地收容所領養是最簡單、也最快速喔!

05
奴才與小幫手

今年也是好辛苦啊！

妙妙妙私訊（四）

歷屆書中最好評的妙妙妙私訊章節，來到了第四集啦（敲鑼打鼓），聽說還有人不好好按照章節看書，直接翻到這個章節來看呢，我說你們啊，真是不乖（算了原諒你們）！

妙妙妙私訊往年都只有擷取 facebook 的互動訊息，但今年特地新增了 Instagram 的互動訊息，搞得小幫手們都快崩潰了，當然也有一部分是我們（志銘與狸貓）回的訊息，回顧 2019 這一年，我們跟大家的互動還是滿多的呢（擦汗）！

上本書編號到 83 號，所以本書從編號 84 號開始計算，希望這個章節能在本書的結尾，替大家帶來一點療癒和歡樂，網路上所有的訊息，大多都不用太嚴肅認真看待，笑笑著看就好囉，當然也有挑了一些訊息，是跟照護貓貓息息相關的，那些就得好好注意囉。

子民　你可愛嗎？

 比你可愛喔。

子民　我知道你們的家在哪裏

子民　在五X

 錯！

在你心裡啊！

子民　我當時為了你而失眠呢。

 朕為了你失眠而失眠。

【84】我可愛，你可愛，大家都可愛！好棒！

【85】大家不要跟蹤我們啦！而且我們一直搬家，你也找不到我們（誤）。

【86】聽説失眠的人，看阿瑪的影片，有助於提神……啊啊啊不是，是有助於睡眠啦！

【87】阿瑪沒事的話，是不會出席任何活動的喔，畢竟阿瑪是很忙碌的啊！

子民　今天12:00在花博的活動阿瑪會去嗎？

 貓的話只有狸貓會去。

嘉儒　為什麼阿瑪要叫阿瑪？不叫其他皇帝的名字？

 那你為什麼要叫嘉儒？

嘉儒　已讀

＋　☎　✿　✕

【88】嘉儒是假名，大家不用替他擔心，但朕想叫什麼就叫什麼，還需要跟你告知嗎？

【89】但朕還是讀了，而且還回覆了，算你三生有幸。

【90】小朋友，不可以這樣講話喔，請掌嘴三下。

【91】真的有人傳這個訊息給我們，絕對不是設計對白。

 子民　已讀要回啊！

那下次不讀。

 子民　阿瑪怎麼樣才能趕快死？

已讀

子民　阿瑪對不起！！

沒禮貌，去跪鍵盤。

 子民　嘿嘿嘿⋯⋯一加一等於幾？

等於我要封鎖你。

子民　嗨！我找到你的FB了！

 但你有找到我的心嗎？

子民　小幫手會不會回我們這些有的沒的訊息回到ㄎㄧㄤ掉？

 不會啊！

她已經在醫院了。

【92】不用肉搜我們啊，我們（志銘狸貓）FB 帳號都是公開的啦，哈哈哈！

【93】小幫手壓力好大，除了回這些訊息，還要 PO 送養文啊啊啊。

【94】對不起，提了你的傷心事，啊，是你自己先提的。

【95】心很累。

子民　浣腸是不是變胖了？

 你才變胖！

子民　我確實胖了。

子民　嗨，請問你是電腦嗎？

 是，我是超級電腦。

子民　回我一下，拜託！

子民　

子民　你是人還是貓？

子民　六分鐘內回我一下。

子民　你好漂亮。

你到底想怎樣？

【95】限定六分鐘內回覆，一定是偷用爸爸媽媽的手機！

【96】有了！恭喜你預言成功！

子民　阿瑪我想請問會有第六本書嗎？

子民　我好期待！！

子民　有點不懂欸？

介於會與不會之間喔！

子民　已讀

子民　我跟你玩雙關詞好不好？

子民　瑪上來！千里瑪！

子民　駟瑪難追！塞翁失瑪！

 瑪上封鎖 你。

＋ ☎ ✿ ✕

【97】瑪到成功！瑪來西亞！千軍萬瑪！

【98】但考試不及格。

【99】我們覺得大家都需要好好學習如何聊天。

子民　我昨天考完段考了，阿瑪你們有考試嗎？

 有啊！減肥考試。

子民　阿瑪，你好～

子民　請問可以和你聊天嗎？

 可以。

子民　未讀

 ……

子民　對不起，請問三腳的名字怎麼來？明明她有四隻腳！

只有三隻……

【100】三腳是少了左手掌，所以才叫三腳喔！

【101】阿瑪森七七！

【102】雖然故意不回，但沒有忘記把你的留言截圖下來！

子民　阿瑪在嗎？

子民　阿瑪大胖子！！！！！！

你才胖到八百七十公斤！

子民　我想請問一下，阿瑪是不是不回？是故意還是忘記？

故意。

175

子民　皇上這三位合格嗎？可入宮？

子民

 都太瘦了。

 而且有一個不是貓。

子民　好想跟阿瑪視訊。

子民　你們可以再領養一隻嗎？
　　　拜託！

 我可以領養你嗎？啊可是
不能虐待寵物，那我不能
領養你了。

子民　嗨。

 嗨。

【103】而且他們都沒有
嘴巴吃飯，難怪這麼瘦。

【104】你好多願望喔，
想要視訊，又想要叫我們
領養貓，你到底想怎樣！

【105】其實這段對話，
總共大概來回嗨了20次。

子民　喂！在嗎？

子民　你都不理我，我要生氣了。

 隔天

 喂！

 三秒內不理我，我生氣喔！

 3

 2

 1

生氣了。

【106】大家有發現我們越來越沒有耐心嗎？對不起，是我們的問題！我們跟廣大的網友道歉！嗚嗚嗚嗚嗚嗚嗚……

【107】奴才和小幫手們真的有點累。

子民　欸打字！不要用貼圖回我！

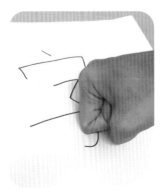

177

子民：你好，我一直超喜歡浣腸，但看到他偷筆的影片有點怕怕，我朋友的貓咪當初就是咬著筆狀物，從桌上跳下地，結果筆狀物戳刺進咽喉，就這樣當場往生了。我朋友到現在都無法平復心情再養貓，所以還是要多留意這樣物品擺放收納喔！

 天阿，謝謝你的告知！

+ ＼ ✿ ✕

【108】這真的要注意！非常認真的請大家小心啊啊啊啊，如果家中貓咪會偷筆，趕快把筆藏好！

【109】阿瑪覺得你不跟他聊天，他很失望。

【110】每年的瑪瑪年曆組，都大約在九月初預購喔，預購結束就沒有啦，市面上也不會有，不過 2828 年的話，有可能遊戲規則會改變，那就到時候再跟大家說啦，大家要一起活到 2828 年喔！

子民：Soso你好。

子民：如果你是阿瑪，請把手機拿給你的小主Soso。

 不要，你想幹嘛？

子民：跟Soso聊天啊～

 已讀

子民：請問2828年曆組是限時搶購嗎？

 如果我們都還活著的話，應該是。

子民 我有一個朋友一直很喜歡看阿瑪的影片，他現在還一直深信著阿瑪是藍色的……

子民 深信不疑！想麻煩你幫我跟他說「阿瑪不是藍色的！」拜託！

 阿瑪有可能不是藍色的。

子民 阿瑪真的是藍色的嗎？老實回答我。

子民 如果是真的，我不會講出去。

子民 如果是假的，我也不會怎樣，只是會覺得為什麼要騙大家？

 那你希望是？

子民 我希望是橘貓。

 好，他是橘的。

子民 那為什麼有一部影片說阿瑪是藍色的？拜託回答我，我是好奇寶寶。

 因為那天是4/1喔。

【111】21世紀之謎。

【112】其實這類的訊息非常多，但也許在某個時空中，阿瑪真的是藍色的，有時候是我們因為某些原因，沒辦法告訴大家真相，請原諒我們的難言之隱，你覺得是橘色，那就是橘色，若你堅持覺得是藍色，那阿瑪就是藍色的，相信你所相信的吧！

179

子民　請問阿瑪，我的孩子到現在還是覺得您是藍色的，有解嗎？

　跟他說多啦Ａ夢也是藍色的，多啦Ａ夢是貓，朕也是貓，所以朕真的也有可能是藍色的貓。

子民　請問我家的小貓貓一直亂咬人，應該怎麼教導他？

　先打開教科書，一頁一頁唸給他聽吧！

子民　我會先變成磨牙棒吧！

【113】小朋友，不要被流言蜚語影響，相信自己相信的，或找尋資訊去證實自己的想法有沒有錯誤吧！世界上沒有絕對的！

【114】小貓牙齒發育，很容易會亂咬人、亂咬東西，經常發生在單獨養一隻貓的人身上，大部分都會經由成長而改善。

【115】請洽寵物溝通師。

子民　如果一隻貓背對著你，代表什麼意思啊？

　代表他背對著你。

子民　我想知道的是他的心情。

　不想看到你的那種心情吧？

子民 請問一下，那個點是什麼？

子民 我們家的貓也有。

傳送了fumeancat的限時動態。

 那個是雞皮疙瘩喔。

子民 那我家的有八個雞皮疙瘩欸！

子民 請問在門口發現棄貓怎麼辦？

 那你就是他主人了！

+ ☎ ⚙ ✕

【116】隆重跟各位觀眾澄清，那個是貓咪的乳頭，每隻貓都會有乳頭，不論公貓或母貓，通常會有六顆到八顆乳頭，可千萬不要以為是腫瘤或雞皮疙瘩喔。

【117】棄貓有很多原因，如果你剛好遇見了他/她，那就是一種緣分，但在養之前，建議還是要做好自身的評估，經濟狀況、時間、空間等條件，考慮清楚後再做出決定喔！養貓可不是一兩年的事，是可能會長達十年的事情啊！

子民
Soso好可愛喔，可以多發一點她的照片嗎？或特寫？

子民
太黑了吧！！！！！

子民
我想加入妙語錄！

說說你有什麼能力加入？
給我看看你的力量。

子民
可是太故意就變炒作吧？

你喜歡貓嗎？

子民
喜歡啊！

你喜歡狸貓嗎？

子民
不喜歡。

＋ 📞 ⚙ ✕

【118】真心不騙！真的是 Socles 的特寫。

【119】謝謝你的直接，社會上就是需要你這麼真誠、不狗腿的人（狸貓已淚奔）。

子民 養貓容易嗎？

 比養你還難。

開玩笑的，養貓要花時間也要花錢，不容易，但爸爸媽媽養你才更辛苦。

【120】養貓跟養小孩都很難啦！不論幾歲，都要孝順父母，聽爸爸媽媽的話喔！

【121】阿瑪減肥考試都考不好了，你還奢望他考智力測驗？

【122】豬最愛問為什麼。

子民 我要考智力測驗，但我不知道什麼是智力測驗阿瑪幫我考。

不要去學校就不用考囉，聰明吧？

子民 你知道什麼動物最愛問為什麼嗎？

就是你！

小幫手的心聲……

謝謝大家的來訊，不管是狂讚士、單純閒聊、分享心事，相信大家都是因為喜歡阿瑪才私訊我們的，所以我也都會盡量回覆，如果遇到已讀不回，那大概是我太忙或者是正在學嚕嚕叫、陪浣腸玩，請大家不要在意，繼續傳訊息就對了！

183

志銘想說

今天是 12 月 18 日的清晨，有些疲倦的我看著窗外突然下起的雨，才發現我又整夜沒睡了，昨晚剛好是瑪瑪信箱，結束後陪大小貓隨意玩了一下，便又持續寫稿到現在，沒想到一不小心就又天亮了。

這本書的截稿時間，因為這次過年時間而提早了許多，兩天後又剛好是十週年快閃店的開幕日，加上幾天前剛發表的十週年主題曲，還有四小虎的照顧與送養事宜，這一連串的大事都擠在一起，讓我一直處於備感壓力的狀態。

排山倒海的壓力來源在於，擔心所有事情能不能順利完成、能不能做得好？雖然我知道，我們一直都不是完美的，就像我們寫書，一直以來都以非專業作家身分來出書，不為別的，只是想好好記錄這些陪伴貓咪的日子，是抱持著就算一開始沒有出版社願意為我們出書，我也會想要自己記錄出版的那種動力來執行的，所以我們不求什麼，只想要記錄最真實的生活。

首次進錄音室錄十週年主題曲也是一種奇妙的體驗，我們不是專業歌手，卻還是想要自己來唱這首歌，就連歌詞都自己寫，因為對我們來說，這是我們能夠表達與阿瑪之間的情感最完美的方式了，即使歌聲不完美，但其中的情感肯定滿分。

:● 餵大家吃零食,卻看著嚕嚕?
:● 熱情對望的兩位。

好像一直以來都是這樣,我們總是有點衝動,卻又認真的想要完成每一
件事,老是擔心的太多,導致直到事情完成前的最後一刻,都不能真正
放鬆,但還好一直以來有狸貓在,加上後來加入的各位小幫手們,才讓
這一切都變得不那麼困難,夢想最終才能夠變為真實。

最後謝謝讀這本書的各位,謝謝你們一路以來的支持,能夠有你們與後
宮貓咪的陪伴,我們就是全世界最幸運的奴才!

🐱 偷偷跟阿瑪自拍，成功！

🐾 玩弄阿瑪耳朵中。

狸貓想說

每一年寫結語的時候大多都在年末，皆是天氣特別冷的季節，而今天剛好是發布阿瑪相遇十週年主題曲【怎麼可能忘了你】的日子（2019/12/13），看著大家因著我們與阿瑪的故事，寫下許多自己跟寵物們的生命故事留言，特別覺得溫暖和感動，沒想到我們竟然能變成你們生命故事的投射，這是何等榮幸和幸福的事情（超肉麻），能與你們分享這些事情，真的讓人感到窩心（更肉麻了）。

此時的我們，因為找房的事情忙到心煩意亂，相較於上次搬家，這次真的覺得找房子怎麼會這麼難？我們陸續看了超過十間的房，都沒有看到非常滿意的房子，因為我們的要求真的太多了，不能透天厝（樓梯太多，不太適合老貓）、不能太小（至少要三房隔離）、採光要好（不要樓距太近）、附近不要有都更或建案（目前後宮旁邊有施工，超級吵）、廚

認真工作中（？）

浣腸最近很常黏著人。

房不能是開放式空間（做飯時貓咪會搗亂）、不能太郊區（還是要為了現在的小幫手們著想）……要符合這些條件，還要是能夠住辦的環境，真的好難……所以我們打算寫完書後，開始更積極、更瘋狂的看房找房，大家也不用替我們擔心，我們最終一定會找到一個完完全全適合貓貓們的新後宮，一個不會被奇怪的事情打擾，貓咪能好好享受晚年的環境，這種想要給他們最好的，應該也是全天下養寵物的人的心情吧，最後，謝謝你讀了這本書，祝福你這一年什麼事都順順利利！

Fumeancats   黃阿瑪的後宮生活【貓咪哪有那麼可愛】

作　　者／黃阿瑪；志銘與狸貓　　　總 編 輯／賈俊國
攝　　影／志銘與狸貓　　　　　　　副總編輯／蘇士尹
封面設計／米花映像　　　　　　　　編　　輯／高懿萩
內頁設計／米花映像　　　　　　　　行銷企畫／張莉滎‧廖可筠‧蕭羽猜

發 行 人／何飛鵬
出　　版／布克文化出版事業部
　　　　　台北市中山區民生東路二段 141 號 8 樓
　　　　　電話：(02)2500-7008 傳真：(02)2502-7676
　　　　　Email：sbooker.service@cite.com.tw
發　　行／英屬蓋曼群島商家庭傳媒股份有限公司城邦分公司
　　　　　台北市中山區民生東路二段 141 號 2 樓
　　　　　書虫客服服務專線：(02)2500-7718；2500-7719
　　　　　24 小時傳真專線：(02)2500-1990；2500-1991
　　　　　劃撥帳號：19863813；戶名：書虫股份有限公司
　　　　　讀者服務信箱：service@readingclub.com.tw

香港發行所／城邦（香港）出版集團有限公司
　　　　　香港灣仔駱克道 193 號東超商業中心 1 樓
　　　　　電話：+852-2508-6231　　傳真：+852-2578-9337
　　　　　Email：hkcite@biznetvigator.com
馬新發行所／城邦（馬新）出版集團 Cité (M) Sdn. Bhd.
　　　　　41, Jalan Radin Anum, Bandar Baru Sri Petaling,
　　　　　57000 Kuala Lumpur, Malaysia
　　　　　電話：+603- 9057-8822　　傳真：+603- 9057-6622
　　　　　Email：cite@cite.com.my

印　　刷／卡樂彩色製版印刷有限公司
初　　版／2020 年 01 月
售　　價／350 元

© 本著作之全球中文版（含繁體及簡體版）為布克文化版權所有‧翻印必究